loqueleo·

FRANNY K. STEIN. ¡INVISIBLE!
Título original: *Franny K. Stein Mad Scientist. The Invisible Fran*

Publicado con la autorización de Simon & Schuster Books for Young Readers,
una división de Simon & Schuster Children's Publishing Division.
D. R. © del texto y las ilustraciones: Jim Benton, 2004
D. R. © de la traducción: P. Rozarena, 2005
Primera edición: 2014

D. R. © Editorial Santillana, S. A. de C. V., 2018
          Av. Río Mixcoac 274, piso 4, Col. Acacias
          03240, México, Ciudad de México

Esta edición: Publicada bajo acuerdo con
Grupo Santillana en 2021 por
Vista Higher Learning, Inc.
500 Boylston Street, Suite 620
Boston, MA 02116-3736
www.vistahigherlearning.com

ISBN: 978-607-01-3838-6

www.loqueleo.com/us

Loca por la ciencia
Franny K. Stein
¡Invisible!

Jim Benton

Ilustraciones del autor

loqueleo

Para Kevin Lewis
y Julie Kane-Ritsh

CAPÍTULO UNO

LA CASA DE FRANNY

La familia Stein vivía en una preciosa casita rosada al final de la calle de Los Narcisos. Las contraventanas estaban pintadas de color morado y todo era claro y alegre. Bueno, todo menos la habitación del ático, la de la ventana redonda.

La ventana daba a un dormitorio, sí, pero también era la ventana de un laboratorio. El laboratorio de Franny. Y el laboratorio de Franny era algo espectacular.

Contenía la clase de artefactos que cualquier cientifico loco podría poseer. Había un microscopio electrónico, un amplificador cerebral dotado de energía nuclear y un koala carnívoro gigante.

Y tenía algunas otras cosas especiales, lo que permitía a Franny estar segura de que su laboratorio era bastante mejor que la mayoría de los laboratorios.

Franny dudaba de que algún otro loco por la ciencia tuviera un agrandador de arañas o un simulador de enfermedades.

"Y apuesto a que ni la mitad de ellos tiene un amplificador de cerebros", se dijo pensando en lo afortunada que era al tener un laboratorio como éste.

Pero incluso sin amplificador de cerebros
o sin agrandador de arañas, Franny tenía la
sospecha de que sus amigos —en el caso de que
se les diera la oportunidad— harían cualquier
cosa por tener un laboratorio propio y poder
dedicarse a cultivar la ciencia loca.

Por esta razón, el trabajo que la señorita Shelly les había asignado hizo que Franny se fuera a casa pensando en cómo ayudar a sus compañeros a descubrir las maravillas de la ciencia loca.

CAPÍTULO DOS

DÍA DE HACER LO QUE LES GUSTE

La señorita Shelly dijo a sus alumnos:

—Hoy vamos a hablar de aficiones. Quiero que cada uno traiga una muestra de lo que le interese o le guste hacer.

"Estoy casi segura", pensó Franny, "de que ninguno de mis compañeros tiene una afición especial o sabe hacer algo interesante, y que lo más que se les ocurre es jugar con un juguete tonto o aventar cohetes al coche del vecino".

Franny levantó la mano:

—Señorita Shelly, si alguien tiene una afición que no exige gran cantidad de electricidad o coser alas en cosas que nacieron sin ellas, ¿puede presentar a la clase una muestra de lo que le interesa y sabe hacer?

La señorita Shelly ya estaba acostumbrada a las preguntas extrañas que solía hacer Franny.

—Sí, Franny, todos podrán presentar sus aficiones —dijo la señorita.

La maestra creía verdaderamente en lo que decía, pero Franny sabía que estaba perdiendo el tiempo. Estaba segura de que después de que ella hiciera una pequeña demostración de su loca ciencia, sus compañeros abandonarían sus propios proyectos como si fueran manzanas podridas, manzanas radiactivas y venenosas.

CAPÍTULO TRES

DE VUELTA
EN EL LABORATORIO

De vuelta en su laboratorio, Franny comenzó a pensar en qué podría presentar en clase. Por fortuna tenía un colaborador que la ayudaba en casos como éste.

Igor era su perro y también era su asistente en el laboratorio. No era lo que se dice un perro de raza pura. Era una mezcla de caniche, lobo, chihuahua, perro pastor y, además, de algo así como una comadreja, lo que lo convertía en un ser que no era del todo un perro.

Franny habló con Igor de la idea de la señorita Shelly y él, inmediatamente, empezó a buscar opciones.

Le recordó a Franny la vez que habían dado vida a un gnomo de piedra del jardín y cómo habían tenido que encerrarse en el baño, hasta que llegó la policía y se lo llevó. Igor pensó que a los niños, seguramente, les gustaría algo así.

—No me voy a llevar un gnomo de piedra a la escuela —dijo Franny.

Entonces, Igor le recordó la vez en que aumentó tanto el poder de succión de la aspiradora, que atrapó a su hermano pequeño y se lo tragó entero.

—Mamá me hizo prometerle que no lo volvería a hacer —dijo ella.

Igor le habló de la vez en que creó una salchicha carnívora que acabó por comerse a sí misma.

—Aquello estuvo muy bien —admitió Franny—, pero hay un niño en mi salón que siempre huele a hot dog y no quiero que la salchicha lo ataque. Además, tiene que ser un proyecto en el que participen todos.

Franny recorrió el laboratorio examinando los aparatos que había inventado últimamente:

—Algo como esto, Igor —dijo mostrando su traductor para los hongos a las uñas de los pies—. Ya sabes, Igor, en el fondo todos los niños desean comunicarse con los hongos de sus uñas de los pies, pero nunca han podido hacerlo.

—Bueno, pues con este aparato por fin podrán hacerlo —lo guardó en su mochila—. Todos estarán encantados de poder hablar con sus hongos. Ya verás, ¿somos o no somos unos locos científicos?

CAPÍTULO CUATRO

¡PUES NO, NO QUEREMOS!

La señorita Shelly paseó la mirada por el salón. Todos los alumnos estaban preparados para exponer sobre sus aficiones. La maestra se dirigió a Erin:

—Erin, ¿quieres ser la primera?

Ella se levantó al momento y puso en marcha su casete. En cuanto sonó la música, ella empezó a bailar, zapateando, una danza irlandesa clásica.

Los niños aplaudieron.

Franny levantó la mano.

—Oye, Erin, déjame hablarte de tus zapatos. ¿Se te ha ocurrido pensar en rociarlos con un poco de ADN de canguro mutante? Seguro que conseguirías saltar de una forma más loca.

Erin miró a Franny muy seria:

—Mi danza es perfecta, mis zapatos no necesitan nada.

Y se fue a su banca.

Después, la señorita Shelly invitó a Lawrence a hablar acerca de su afición. Él se paró frente al grupo, sacó su acordeón de la funda negra y sólo le dio tiempo de tocar durante un par de minutos, antes de que Franny levantara la mano.

—¡Muy bien, eso está mucho mejor! Estoy segura de que puedes tocar las teclas de diferentes maneras para aumentar o disminuir el dolor que experimentamos en nuestra región auditiva, ¿verdad? Mi propuesta es ésta: ¿se te ha ocurrido enviar vía satélite los sonidos que arrancas a tu acordeón, para que se transmitan más lejos y puedan torturar a más gente?

Lawrence guardó el instrumento en su funda:

—Sólo es un acordeón, Franny, y lo toco desde que era pequeño.

El siguiente fue Phil. La señorita Shelly
sujetaba un enorme álbum abierto frente a los
niños, mientras Phil señalaba cada una de las
valiosas estampillas de su colección:

—Ésta es de Inglaterra, y ésta es de Japón
—explicaba.

Franny levantó la mano:

—Supongo que no se te habrá ocurrido modificar esas estampillas para que exploten cuando alguien les pase la lengua, ¿o sí?

Phil negó con la cabeza:

—¡Claro que no!

—Tampoco se te habrá ocurrido convertir al cartero en..., bueno, no sé, en... en, por ejemplo, un escorpión gigante volador que escupa ácido por su aguijón, ¿o sí?

La señorita Shelly cerró el álbum:

—Franny, Phil prefiere las estampillas y los carteros normales, que no exploten ni escupan ácido.

—¡Un momento, un momento! —dijo Franny, pasando al frente del grupo—: ¿Me van a decir que ninguno de ustedes tiene interés por la ciencia loca, ni quiere llegar a ser un científico loco?

CAPÍTULO CINCO

FRANNY LANZA
SUS GALLETAS

Igor se sentó y escuchó lo que le decía Franny.

—¡Ni uno siquiera! —decía ella, dejando caer el traductor para los hongos de las uñas de los pies—. ¡A nadie de mi grupo se le ocurrió presentar un experimento! ¿Bailar?, ¡sí! ¿Coleccionar?, ¡sí! ¿Deportes?, ¡sí! Pero ¿locura científica? ¡NO!

Franny seguía refunfuñando mientras comprobaba el avance de los experimentos en los que trabajaba.

—Uno de los niños tenía un camaleón en un terrario, ¡y no hizo ningún experimento con él! ¡Qué tonto!

A Igor no le agradaban mucho los camaleones desde la vez en que el camaleón gigante de Franny intentó tragárselo; pero fingió interesarse por el caso y asintió con la cabeza como si estuviera de acuerdo con ella.

—Después de que Billy nos mostrara hoy su habilidad para hacer deliciosas galletitas de té, le pregunté a la señorita Shelly si podía retrasar la presentación de mi proyecto hasta mañana. ¡Deliciosas galletitas de té! De verdad, Igor, ésa debe de ser la cosa más aburrida que alguien pueda hacer. Imagínate todo el trabajo de medir, pesar, mezclar, batir... ¡sólo para conseguir deliciosas galletitas de té! Y, mira, incluso repartió algunas.

Franny lanzó al aire las deliciosas galletitas de té y les disparó un fulminante rayo mortal que las achicharró.

—Esos niños están muy equivocados, Igor...
No saben lo que se están perdiendo. Se interesan por cosas completamente inútiles. Quizá nadie les ha enseñado que la ciencia loca es la única cosa en el mundo por la que vale la pena interesarse.

CAPÍTULO SEIS

A FALTA DE UN TORNILLO Y VARIAS TUERCAS

Franny consultó un libro de su biblioteca: DIABÓLICOS Y PELIGROSOS ROBOTS MECÁNICOS PARA NIÑOS. Últimamente, Franny había construido cosas por sí misma, pero las sugerencias de un buen libro siempre ayudan a crear cosas que funcionen mejor.

Trabajó durante casi toda la noche, y con la
ayuda de Igor, consiguió algo que iba a hacer
que sus compañeros comprendieran que ella
tenía razón, estaba segura.

CAPÍTULO SIETE

¿ES RAREZA DE RAREZAS UN ROBOT CON DOS CABEZAS?

Franny se sentó en su banca frotándose nerviosa las manos. Estaba ansiosa por mostrar a sus compañeros su creación.

—Franny —dijo la señorita Shelly—, quieres, por favor, venir aquí adelante y enseñarnos lo que trajiste.

Franny avanzó hasta ponerse frente a sus compañeros. Estaba segura de que, en cuanto los niños vieran a su robot, olvidarían sus ridículas aficiones.

Cuando levantó la tela bajo la que ocultaba al robot, los chicos, admirados, contuvieron la respiración.

¡Un robot! Unas lucecitas parpadeaban sobre su pecho y se podía oír un leve ronroneo que procedía de su interior. Sus diminutos ojos cuadrados guiñaban de vez en cuando.

—¿Por qué tiene dos cabezas? —preguntó un niño.

—Porque dos cabezas son mejor que una —contestó Franny—. Cuando esté terminado, sus dos cabezas harán que sea el doble de listo que el robot más listo. Claro que el doble de útil supone el doble de complicado.

Franny les enseñó a los chicos el diagrama que mostraba el interior del robot.

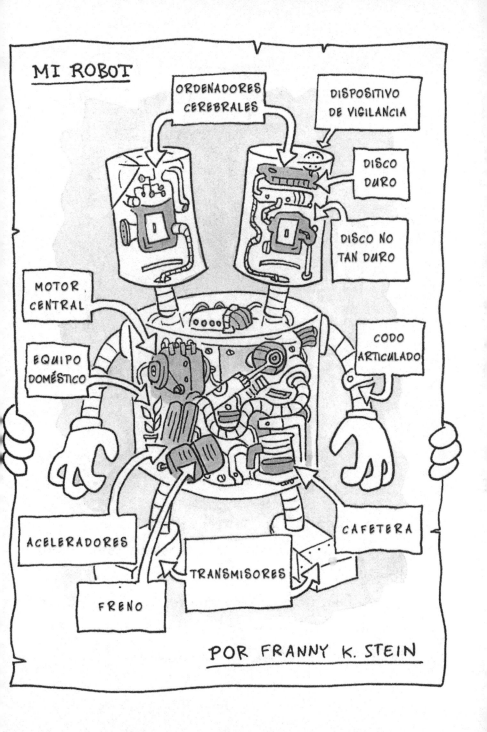

La señorita Shelly preguntó:

—Franny, ¿dijiste que no estaba terminado del todo?

—Así es, no está terminado. Voy a necesitar la ayuda de otro loco científico, quizá alguien del grupo. ¿Hay algún voluntario?

Billy levantó la mano.

Franny sonrió satisfecha. "Éste es el primero de muchos voluntarios", pensó.

—Sí —dijo—. ¿Te gustaría ayudar?

—¡Claro! —exclamó Billy—. Y cuando lo hayamos terminado, podré enseñarle a hacer deliciosas galletitas de té.

CAPÍTULO OCHO

ESTE CASO ES UN FRACASO

Igor odiaba ver a Franny deprimida. Hizo todo lo que se le ocurrió para levantarle el ánimo. Hizo malabares con arañas. Se vistió como su madre. Y hasta pensó en dejar que el camaleón gigante se lo tragara un poquito, porque eso siempre hacía reír a Franny.

Lo único que Franny hacía era hablar de sus amigos de la escuela:

—Ni un voluntario, Igor. Lo único que les interesa son sus aficiones inútiles. No saben nada de nada.

—No comprenden la emoción que se siente cuando una idea llega a tu cabeza de quién sabe dónde, se te mete, y luego, esa idea se convierte en un proyecto.

—¡Si sólo fueran capaces de experimentarlo!
—dijo Franny.

Justo en aquel momento, el camaleón gigante apareció, surgiendo como de la nada, se lanzó sobre Igor y se lo tragó.

A pesar de su depresión, Franny se echó a reír; luego sacudió al camaleón hasta que Igor salió por la boca. Es difícil no reírse cuando un reptil se traga a tu mejor amigo.

—Igor, tienes que tener más cuidado —le advirtió Franny.

Igor se escondió detrás de Franny.

—Ya sabes que el camaleón gigante puede camuflarse. Se hace casi invisible.

Los ojos de Franny se estrecharon, en un gesto muy suyo, hasta convertirse en dos líneas dibujadas sobre su cara redonda.

—¡Invisible! —exclamó asintiendo levemente—. Claro, eso es. ¡Invisible!

CAPÍTULO NUEVE

¡A VER SI ME ENTIENDEN CLARAMENTE!

A la mañana siguiente, Franny mezcló moléculas de celofán con ADN de camaleón y un poco de tinta que desaparece. Pasó la mezcla por un antiscopio, que es como un microscopio pero diseñado para hacer que las cosas sean difíciles de ver. Vertió la fórmula en un vaso muy, muy limpio, se la bebió de un trago y corrió hasta el espejo para ver cómo funcionaba.

Le gustó lo que estaba viendo. O, más bien,
lo que estaba dejando de ver. O sea, a ella misma.

La mezcla había funcionado. Se había hecho
invisible, y era justo la hora de ir a la escuela.

CAPÍTULO DIEZ

LOS NIÑOS DEBEN SER VISTOS, PERO NO OÍDOS

Invisible en el colegio. La tentación era muy grande para resistirse a ella, especialmente para alguien con una mente tan inquieta como la de Franny.

Se asomó a la cocina de la cafetería.

CARNE MOLIDA

Entró silenciosamente en el despacho de la directora.

Se detuvo un momento para averiguar exactamente qué hacen los profesores en su sala de reuniones.

Todo le pareció fascinante, pero tenía que llevar a cabo la siguiente fase de su plan: conseguir que sus compañeros se dedicaran a la ciencia loca, y sabía de qué manera podía obligarlos a que desearan hacerlo.

Franny entró en su salón sin ser vista. Se colocó junto a Erin, que estaba leyendo, y le susurró al oído:

—Creo que me gustaría volver a examinar el robot de Franny.

Erin dejó su libro y miró a su alrededor confundida:

—Cre... cree... creo que me gustaría volver a examinar el robot de Franny —dijo, creyendo que había pensado lo que Franny le había susurrado. Se levantó, fue hasta la criatura mecánica y se puso a contemplarla.

Franny repitió la operación con Phil y con Laurence, y también ellos creyeron que se trataba de sus propios pensamientos y fueron a colocarse junto a Erin.

Franny le susurró a Phil:

—Sería estupendo que este robot tuviera una manota con la que pudiera aplastar cosas, ¿no crees? —y Phil repitió exactamente lo que Franny le había dicho.

Franny movió las cabezas de Erin y Lawrence de modo que pareciera que asentían.

Durante todo el día Franny estuvo susurrándoles una idea tras otra. Y comprobó, una y otra vez, que los ajustes que ellos estaban haciendo estaban bien hechos. Erin, Lawrence y Phil se iban entusiasmando más y más a medida que trabajaban en el robot; creían que era una creación suya.

A la hora de la salida, Franny estaba agotada pero feliz. El trabajo en el robot había progresado muchísimo y sus compañeros estaban convencidos de que era en gran parte obra suya.

Cuando llegó a casa, Franny tomó el antídoto contra la invisibilidad y le contó a Igor cómo iba su experimento:

—Fue muy divertido, Igor. Creyeron que en verdad estaban trabajando en el robot. Por supuesto que no están capacitados para realizar algo tan complicado, todavía no —dijo—. Ni siquiera estoy segura de que Phil sepa ponerle pilas a una linterna.

—Pero se divirtieron y reforzaron su confianza en ellos mismos. Quizás ahora dejarán de perder el tiempo en esas ridículas aficiones.

Franny se metió en la cama y se sumergió en sus sueños de locura científica, incapaz de adivinar que allá en la escuela algo siniestro y nada científico estaba a punto de suceder.

CAPÍTULO ONCE

HAY QUE CERRAR LOS CIRCUITOS

Erin, Lawrence y Phil se introdujeron silenciosamente en la escuela. Iban equipados como nunca lo habían estado. Iban vestidos como científicos locos.

Llevaban herramientas, notas y materiales que los auténticos científicos no hubieran utilizado nunca para terminar un robot a medio construir.

Y eso era, justamente, lo que se proponían
hacer.

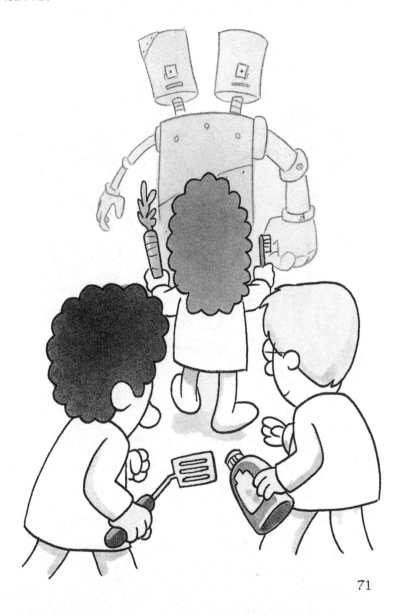

Se colocaron alrededor del robot y aguardaron a que llegara a sus cabezas alguna "brillante" idea; pero Franny no estaba allí para susurrarles cosas al oído, así que permanecieron quietos mirándose unos a otros.

Después de un rato, Phil se cansó y decidió simular que había tenido una idea brillante:

—Debería expulsar cátsup por esta boca —dijo, y los otros asintieron.

—Y tendría que poder extender el brazo —dijo Erin, quien también simuló haber tenido una idea.

—Y yo creo que deberíamos hacerle algunos cambios en el cerebro —dijo Lawrence, quien, aunque algunas veces tenía dificultades para cambiarse de pantalones, creía que sabía los cambios que necesitaba el cerebro del robot.

—Ahora sí ya somos unos perfectos científicos locos —dijo Erin mientras tiraba sin nada de cuidado de unos cables que salían del pecho del robot.

—No es nada difícil —dijo Lawrence, antes de unir unos circuitos dentro de uno de los cerebros del robot.

—Franny casi no hizo nada en este robot. La verdad es que es más nuestro que suyo —añadió Phil. El robot se quejó: *bip, bip, bip...*

CAPÍTULO DOCE

¿QUÉ ES LO QUE HA PASADO? ¡ESTÁ DESTROZADO!

Franny llegó muy contenta a clase. Planeaba rescatar a más compañeros de sus tontas aficiones.

Pero se llevó la sorpresa de su vida, como le hubiera ocurrido a cualquiera, al encontrar el salón hecho pedazos. (Nota: para aquellos que quieran hacer el cálculo. Hay diez mil pedazos en un kilo y un millón de pedazos en diez kilos.)

Erin salió arrastrándose de debajo de los restos de una banca:

—¡Menos mal que llega otro científico loco para ayudarnos!

—¿Cómo que otro científico loco? —exclamó Franny alzando una ceja—. ¿Qué quieres decir con "otro"? ¡Ustedes no son científicos locos!

Lawrence y Phil se arrastraron fuera de sus escondites:

—¡Pues claro que lo somos! —dijo Phil—. Tendrías que habernos visto trabajar.

—¡Eso, tendrías que habernos visto! ¡Terminamos anoche el robot!

—¿Qué? ¿Que lo terminaron? —gritó Franny—.
¡Ustedes no están capacitados para hacer eso!
¿Qué les hizo pensar que podían crear y poner
en marcha algo tan complicado y peligroso?

Los tres bajaron la cabeza y se miraron los
zapatos.

Y, de repente, Franny cayó en la cuenta: fue ella misma quien les hizo pensar eso.

—Me temo lo peor —se dijo Franny.

CAPÍTULO TRECE

HERRAMIENTAS + BOBOS = MAL PARA TODOS

Franny garabateó algunos cálculos sobre los planos del robot. Revisó las notas que Erin, Lawrence y Phil le habían dado, y trató de incluir en sus cálculos lo que ellos lograron recordar de los ajustes que habían hecho durante la noche.

Podían oír al robot destruyendo todo lo que encontraba a su paso en algún lugar de la escuela.

Franny terminó sus cálculos.

—¡Aay! —suspiró.

—¿Qué, qué dices? —tartamudeó Lawrence.

—Diseñé un robot con dos cabezas porque dos cabezas lo harían dos veces más listo que un robot común.

Phil intentó poner cara de que estaba entendiendo.

—Pero ustedes no saben nada de robots, ni de electrónica, ni de ciencia, ni de máquinas ni de nada de nada.

Erin frunció el ceño, pero no era momento de ponerse a discutir.

—Y, claro, como no saben nada de nada, lo que han hecho es hacer a este robot dos veces más tonto que cualquier otro robot.

—¿Y eso hará que sea más fácil detenerlo? —preguntó Phil esperanzado.

—¡Pásenme mi mochila! —ordenó Franny
secamente.

CAPÍTULO CATORCE

TONTO Y TONTÍSIMO

Franny bebió de nuevo una dosis de su fórmula de invisibilidad.

—No puede destruir lo que no ve —dijo tratando de transmitir optimismo. Y desapareció de su vista.

La mayor parte de los monstruos malvados, aunque a menudo resultan terriblemente destructivos, persiguen un objetivo. O quieren algo u odian algo o escapan de algo. Así que no es tan difícil para una mente científica adivinar sus intenciones y detenerlos.

—¡Pero este caso es diferente! —pensó Franny—. ¡Ese robot es un gran tonto! ¡Tiene dos cabezas rellenas de puras ideas tontas! ¡Y con tantas tonterías en la cabeza, se hacen las cosas más irrazonables porque sí, sin razón alguna!

—¿Qué haría un robot tan tonto en una escuela? —se preguntó Franny.

Franny pasó rápidamente frente a una puerta en la que el robot había escrito un mensaje muy tonto y con una ortografía desastrosa.

—Y, encima —se dijo Franny—, estoy casi segura de que es mentira, porque si de verdad la directora tuviera el trasero de goma, lo más probable es que la hubieran mandado a Suiza en avión para que la viera un especialista.

Franny pasó deprisa por delante de los enormes escupitajos que el robot había dejado escurriéndose por la pared o goteando desde el techo.

—¡Escupitajos! —exclamó—. ¡Vaya manera de malgastar una buena saliva de esa forma! La saliva, como la mayoría de las secreciones, puede proporcionar horas de entretenimiento a un niño que tenga un microscopio. Sólo un gran tonto la derramaría de esta forma.

Las huellas del robot escupidor conducían directamente a la biblioteca y por primera vez Franny sintió algo desconocido para ella: miedo.

—¡No, los libros no! —exclamó.

CAPÍTULO QUINCE

¡TOMA TOMATE, FRANNY!

Franny entró de puntitas en la biblioteca. Sabía que el robot andaba por allí.

No había tomado en cuenta el grafiti acerca del trasero. Ella misma había pensado en varias ocasiones lo imprecisa que es esa palabra: los faros traseros, la puerta trasera... Cualquiera puede cometer un error al utilizarla.

Franny podría haber reconocido algún mérito en los escupitajos gigantes. Admitía que les encontraba cierto encanto, eran como nieve recién caída que olía como al aliento de alguien. Pero Franny amaba los libros. Le gustaban todos. De hecho, casi todo lo que Franny sabía, lo había aprendido en los libros. Una criatura tan tonta como aquel robot sólo podía haber entrado en la biblioteca con un propósito: destruir libros. Y Franny no toleraría algo tan terriblemente tonto.

Avanzó en silencio y con mucha precaución. Se oía el triste y espeluznante sonido del papel siendo rasgado; el robot arrancaba las hojas de un libro. Franny se deslizó sigilosamente entre las estanterías.

Y descubrió al robot feliz rompiendo libros. Estaba claro que aquel tonto mecánico no pararía hasta haber destruido todos los ejemplares.

Mientras contemplaba al horrible robot, descubrió algo que le hizo pensar que no iba a ser difícil vencerlo. Se sintió bastante aliviada.

Erin, Phil y Lawrence habían instalado un interruptor en el pecho del robot.

Todo lo que Franny tendría que hacer era acercarse sin ser vista y accionar la palanquita.

—La verdad es que ha sido muy inteligente por su parte colocar un interruptor en un lugar tan accesible —admitió Franny.

Si Franny hubiera dedicado un solo segundo más a evaluar esta suposición, habría caído en la cuenta de que Erin, Phil y Lawrence no sabían lo suficiente como para haber instalado un interruptor que funcionara bien.

Pero no lo pensó y actuó sin más. Accionó el interruptor, que no estaba destinado para dejar al robot sin energía, sino para expulsar un grueso chorro de salsa de tomate por un tubo nuevo recién instalado.

¡Los libros! Franny pegó un enorme salto y cayó justo delante de los libros a los que iba dirigido el chorro de salsa de tomate. Los defendió heroicamente del pegajoso condimento, pero recibió el impacto y quedó cubierta de salsa. Y, así, el robot podía verla.

CAPÍTULO DIECISÉIS

¡DÉJAME QUE TE ECHE UNA MANO!

¡PUUUM! El robot golpeó a Franny con su enorme puño. Erin, Phil y Lawrence oyeron el estrépito y entraron corriendo en la biblioteca.

—¡Te salvaremos, Franny! —prometieron a gritos los tres, y se cruzaron de brazos como habían visto hacer a Franny una vez—. ¡Tiempo de emplear ciencia loca! —dijeron.

El robot alzó de nuevo el puño. Franny trató de escapar, pero el robot la golpeó otra vez.
¡¡¡CATAPLUM!!!

—¡Utiliza un poco de ciencia loca inmediatamente! —dijeron los chicos mirándose sor-
prendidos. No sabían cómo ayudar a Franny.

El robot la golpeaba de nuevo. ¡¡¡CATA-
PUM!!! Franny pensó que no podría resistir
mucho más.

Y entonces Franny hizo lo que sabía hacer
mejor: pensó y pensó deprisa.

"Quizá eso es lo que precisamente no necesitamos, un científico loco", se dijo. ¡¡¡CATA-
PUUUM!!! El enorme puño cayó sobre ella
otra vez.

Miró a sus amigos y, de repente, cayó en la cuenta. Comprendió qué era lo que exactamente necesitaba en aquel preciso momento.

—¡Un filatélico, eso es lo que me hace falta! —gritó.

—¿Un qué...? —exclamó Erin.

—Un filatélico es un coleccionista de estampillas —dijo Phil—. ¡Como yo!

—¡Phil! —gritó en ese momento Franny—. ¡¡¡Los ojos!!!

Y Phil comprendió muy bien lo que Franny quería decirle. Un par de estampillas taparían las dos pequeñas ranuras que eran los ojos del robot.

Phil sacó dos estampillas de su bolsillo, se las pasó por la lengua y las pegó sobre los ojos de la máquina.

El robot, cegado por las estampillas, no en-
contró a Franny. Y sus manotas eran demasiado
grandes y torpes para despegarlas.

—¡Ahora, lo que necesitamos es un acordeonista! —pidió Franny, y Lawrence entró en
acción.

Agarró una cabeza del robot con su mano
derecha y la otra con la izquierda. Y empezó
a ejercitar sus músculos trapecios y deltoides
fuertes y desarrollados por años y años de lec-
ciones de música.

El robot se tambaleó y acabó por caer, venci-
do por los poderosos golpes de acordeonista de
Lawrence.

—Y ahora lo que necesitamos es... —empezó a decir Franny, pero Erin se le adelantó.

—Alguien que baile una danza irlandesa, ¡yo! —completó Erin. Y se lanzó a zapatear a un ritmo frenético sobre el robot caído. Piezas, tuercas y tornillos salieron disparados en todas direcciones.

Cuando el ruido cesó y todo el polvo se posó, los cuatro compañeros contemplaron durante unos minutos los restos del robot esparcidos por el suelo.

Ya estaba. Habían ganado. Se habían salvado gracias a la filatelia, al acordeón y a la danza irlandesa.

CAPÍTULO DIECISIETE

Y AHORA COCINAMOS

Un poco después, de vuelta en el laboratorio, Franny estaba terminando su nuevo proyecto. Le había contado a Igor todo lo que le había ocurrido ese día. Y el perro se preguntaba hasta qué punto Franny se daba cuenta de la suerte que tenía de que sus amigos no fueran científicos locos.

Franny dejó a un lado el soldador:

—Bueno, por fin está completo —exclamó.

—Oye, Igor —dijo Franny, entregándole un papel—, consígueme todas estas cosas. Rápido. Las necesito para mi próximo experimento.

Igor empezó a leer la lista mientras corría escaleras abajo: azúcar, harina, leche...

Franny descolgó el teléfono y se detuvo un momento para contemplar su última creación.

Luego marcó un número.

—¿Billy? —dijo.

Igor volvió poco después cargado con los ingredientes, algunos tazones y moldes que Franny le había encargado.

—¿Te gustaría venir a mi laboratorio y compartir conmigo algunas de tus técnicas? —oyó Igor que Franny estaba diciendo.

La danza de Erin había reducido al robot a chatarra y Franny había trabajado mucho para construir con sus restos metálicos uno de los mejores hornos de repostería del mundo.

Franny K. Stein, científica loca, iba a preparar deliciosas galletitas de té.

—Que ya viene en camino —dijo Franny, encantada, y le guiñó un ojo a Igor. Los dos se sonrieron.

ÍNDICE

Aquí acaba este libro

escrito, ilustrado, diseñado, editado, impreso
por personas que aman los libros.
Aquí acaba este libro que tú has leído,

el libro que ya eres.